跟我一起探索枸杞的奇妙世界吧！

主 编 钱锋

枸杞

本册主编 黄莉 张卉

山东城市出版传媒集团·济南出版社

有一种神奇的植物，普遍生长在宁夏中卫，在遥远的殷商时代，人们就已经关注它，更与异兽、名鸟、怪鱼、宝玉等一起被载入《山海经》；有一种神奇的果实，其液汁似血，极具食用和药用价值，从《神农本草经》开始，就被历代药典记载为上品中药。

它，就是枸杞，全身都是宝的宁夏特色风物。

枸杞，是丝绸之路上的东方神草，其具有丰富的营养价值，备受国内外商人的青睐；枸杞的果实是名贵的贡果，随着时间的推移，更是不断被创新着食用方法；枸杞，还是中华民俗文化中的吉祥植物，其火红的果实常常是艺术作品中喜庆、幸福的象征。

贺兰山岿然，黄河水奔腾。诗歌"南山有杞，北山有李。乐只君子，民之父母……"，穿越几千年的时光隧道，引领我们逐渐走近善良、正义、磊落的"红"君子。

目录

枸杞的文化意蕴

枸杞的自然奥秘

什么是枸杞？

人们对植物枸杞的认知，一般源自它的果实——枸杞子。

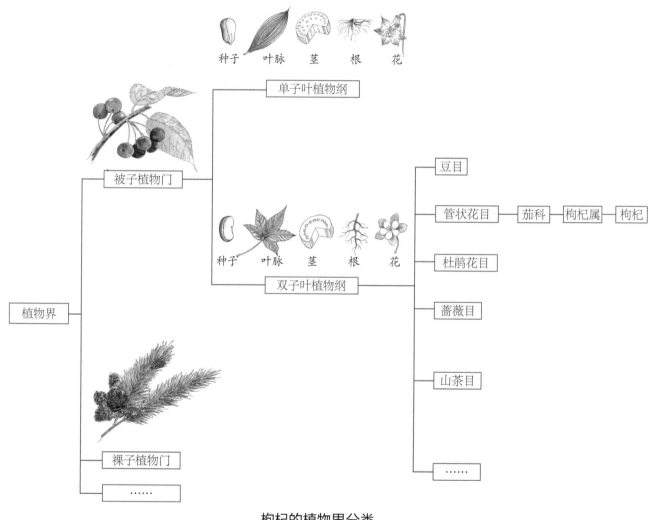

枸杞的植物界分类

枸杞，落叶灌木，叶子卵形或披针形，花淡紫色。其果实和根皮可入药。

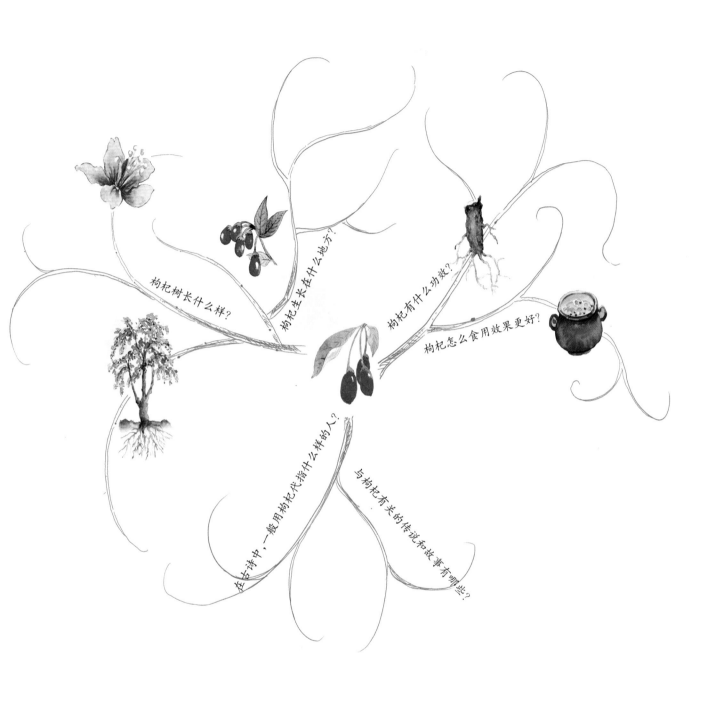

枸杞树长什么样?

枸杞生长在什么地方?

枸杞有什么功效?

枸杞怎么食用效果更好?

在古诗中,一般用枸杞代指什么样的人?

与枸杞有关的传说和故事有哪些?

对于枸杞,你一定有很多问题想问,把它们写下来吧!

枸杞树长什么样？

枸杞是一种耐干旱、耐贫瘠、耐盐碱的多年生灌木经济作物，属于茄科枸杞属，是起源较古老的植物之一，也是一个世界性分布的物种。枸杞树的主干粗大约 10 ~ 20 厘米。主枝粗壮，外皮淡灰色。树高 1.5 米左右。栽培时，经人工整枝而形成圆形树冠。果枝生长于叶腋处，短而细长，通常弯曲下盘，叶片丛生于短枝上，呈长圆形。

枸杞花冠呈漏斗状，淡紫色，花凋谢前为乳白色。枸杞在花果期内连续开花，连续结果。一年内有 2 次大规模开花结果期，一次是春季 4 月下旬开花，6 月下旬采果；另一次是 8 月下旬开花，9 月中旬采收秋果。幼树当年栽植，当年开花结果，以后，随着树龄的增长，开花结果能力逐渐提高，约 20 年后，开花结果能力又渐渐降低。

果肉内有种子。常温条件下，可保存 4 ~ 5 年，在 20 ~ 25℃适温条件下，7 天种子就能发芽。

枸杞适应性强，一般年平均气温在 5 ~ 20℃之间的地区都可栽培。枸杞喜阳光，要求光照强。对土壤没有严格要求，在壤土、沙土或者贫脊的盐碱土都可以种植。

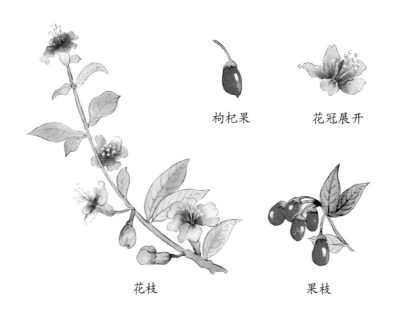

枸杞果　　　　花冠展开

花枝　　　　　　　果枝

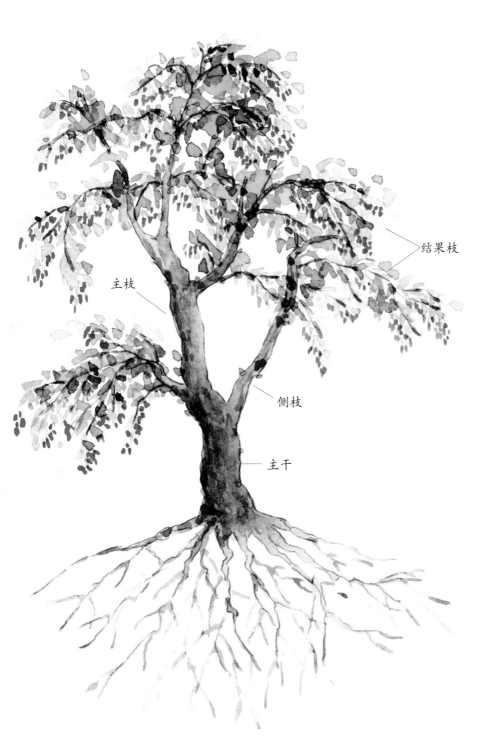

结果枝

主枝

侧枝

主干

枸杞的得名

关于枸杞的名字，《本草纲目》中记述说，这种植物的棘刺像枸树的刺，枝条又像杞柳的枝条，综合这两种植物的名称，所以命名为枸杞。

枸树（也称构树等）

杞柳

枸杞别名

在民间，枸杞有很多叫法，如苟起子、枸杞红实、地骨子、枸茄茄、红耳坠、血枸子、枸地芽子、枸杞豆、血杞子、津枸杞等。在宁夏枸杞主产区中宁县，因野生枸杞与蒺藜相似，农民们习惯称枸杞为"茨"（茨即蒺藜），称枸杞园为茨园，枸杞树为茨树，枸杞枝为茨条。于是，盛产枸杞的中宁农村又被称为茨乡。不过，在中药材领域里，枸杞即枸杞子，不用茨果、茨实等称谓。

枸杞的一生都经历了什么？

枸杞不同生长阶段的特点

一般来说，枸杞树的寿命能达 60～70 年，在较好的栽培条件下，有的枸杞树可存活百年且仍能结果。

枸杞树的一生，自幼龄到老龄直至衰亡，可以划分为 4 个生长龄期。

树龄在 4 年以内，这一时期的特点是生长快，随着树龄的增大而树干增粗，树体增高，枝干增多，树冠扩大。

树龄在 5～20 年，这一时期植株生长旺盛，树体不断充实，枝叶繁茂。但由于每年大量结果的原因，植株的生长量逐渐减少，增长率降低。

树龄在 20～25 年，植株生长势头逐渐衰弱，主干开始心腐，树冠出现脱顶现象，但仍有小量的生长，冠幅逐渐缩小，向衰亡期过渡。

　　树龄在 25 年以上，生长衰弱，树干和主根心腐，树冠枝干稀少，失去原来饱满的树形姿态，基本停止次生生长，呈衰亡状态。

杞娃表白

我是一粒小小的枸杞子，我深深地知道，人们是那样爱我，我的妈妈也知道，所以，她不畏严寒不怕酷暑将我带到人间。

小寒、大寒时节，妈妈掉光了叶子和果实，孤零零地挺立在北风中，她用自己的根紧紧抓住地下的沙土、岩石、瓦砾。即使是零下25摄氏度的严寒，妈妈也会坚强地熬过。

立春一过，妈妈的春芽便开始萌动。

雨水和惊蛰时期，她默默地孕育着自己的春芽，积蓄着能量。

春分一到，春芽就又可以萌发了。

谷雨来临，春芽长出新叶。

立夏一到，新叶一片接一片地长出来啦。

小满时节，妈妈的身躯抽出新的枝条，枝繁叶茂，枝叶间开出一簇簇淡紫色的花朵，花期足足有20天。

芒种来临，花儿谢了一批又开一批，妈妈的枝头已开始挂青果了。

夏至时节，一批青果逐渐变色，由绿变黄变红，头茬枸杞果成熟了。

处暑时节，二茬枸杞果成熟了。

秋分时节，三茬枸杞果成熟了。

寒露和霜降时节，还有一批果子在树上酝酿。

立冬时节，最后一茬枸杞果成熟，被主人收藏了起来。

小雪、大雪时，妈妈安然地立在风雪中……

冬至时节，她把所有的能量都集中在根部。她知道，经历了这一个寒冬，明年她的果子将会更硕大，更甜美，所以她心甘情愿，等待春的消息。

文中都写到了哪些节气，试着按节气的顺序观察一株身边的植物，把它在不同节气的变化记录下来。

枸杞家族有哪些成员？

目前全世界发现的枸杞约有80种，我国产7种3变种。

黑果枸杞

多棘刺灌木，高20～50厘米，多分枝；枝条坚硬。小枝顶端渐尖成棘刺状。每节有长0.3～1.5厘米的短棘刺，生有簇生叶或花、叶同时簇生，叶2～6枚簇生于短枝上，条状披针形或条状倒披针形，有时成狭披针形。浆果紫黑色，球状，直径4～9毫米。种子肾形，褐色，长1.5毫米，宽2毫米。花果期5～10月。

分布于陕西北部、宁夏、甘肃、青海、新疆和西藏；中亚、高加索和欧洲亦有。耐干旱，常生于盐碱土荒地、沙地或路旁。

宁夏枸杞（原变种）

灌木，经过人工栽培整枝而成大灌木，高0.8～2米，分枝细密，野生时多展开而略斜生或弓曲，栽培时小枝弓曲而树冠多呈圆形，灰白色或灰黄色。有不生叶的短棘刺和生叶、花的长棘刺。叶互生或簇生，披针形或长椭圆状披针形。浆果红色或在栽培类型中也有橙色，果皮肉质，多汁液，形状及大小由于经长期人工培育或植株年龄、生境的不同而多变，大多呈椭圆状、矩圆状、卵状或近球状，顶端有短尖头或平截，有时稍凹陷，长8～20毫米，直径5～10毫米。种子常20余粒，略成肾脏形，扁压，棕黄色，长约2毫米。花果期较长，一般从5月到10月边开花边结果，采摘果实时成熟一批采摘一批。

原产我国北部，河北北部、内蒙古、山西北部、陕西北部、甘肃、宁夏、青海、新疆有野生。由于果实入药而栽培，现在除以上省区有栽培外，我国中部和南部不少省区也已引种栽培，尤其是宁夏及天津地区栽培多、产量高。

宁夏枸杞的栽培在我国有悠久的历史。常生于土层深厚的沟岸、山坡、田埂和宅旁，耐盐碱、沙荒和干旱。

黄果枸杞（变种）

黄果枸杞是宁夏枸杞的变种，与原变种比较，其叶狭窄，呈条形、条状披针形、倒条状披针形或狭披针形。果实更具肉质，颜色为橙黄色，球状，直径约4～8毫米。种子很少，仅有2～8粒种子。产于宁夏银川地区，生于田边和宅旁。

枸杞（原变种）

多分枝灌木，高0.5～1米，栽培时可达2米多，枝条细弱，弓状弯曲或俯垂，淡灰色，棘刺长0.5～2厘米，生叶和花的棘刺较长。单叶互生或2～4枚簇生，叶子呈卵形、卵状菱形、长椭圆形、卵状披针形。浆果红色，卵状，栽培者可成长矩圆状或长椭圆状，顶端尖或钝，长7～15毫米，栽培者长可达2.2厘米，直径5～8毫米。种子扁肾脏形，长2.5～3毫米，黄色。花果期6～11月。

分布于我国东北、河北、山西、陕西、甘肃南部以及西南、华中、华南和华东各省区；朝鲜、日本、欧洲有栽培或逸为野生。常生于山坡、荒地、丘陵地、盐碱地、路旁及村边宅旁。

原变种

原变种，生物分类名词，主要用于植物分类学中。原变种是相对变种而言。通常，一个种在学术期刊上最初被发表时，是没有种下等级（即变种、亚种、变型）的，后来随着人们对这个种的了解逐步全面、深入，发现在这个种内有一些植株个体或群体具有与最初发表这个种时所认识的该种的特征不同的变异，并且变异明显而稳定，值得把它们单独划分出来以示区别，植物学家便会给这个具有变异的类型命名，并根据不同情况，将其发表为这个种内的变种。相对而言，具有原来特征，没有发生明显变异的类型，就称为这个变种的原变种。

北方枸杞（变种）

北方枸杞是枸杞的变种，叶子通常为披针形，矩圆状披针形或条状披针形。

分布在河北北部、山西北部、陕西北部、内蒙古、宁夏、甘肃西部、青海东部和新疆，常生于向阳山坡、沟旁。

截萼枸杞

灌木，高 1 ~ 1.5 米，分枝圆柱状，灰白色或灰黄色，少棘刺。叶在长枝上通常单生，在短枝上则数枚簇生，条状披针形或披针形，顶端急尖，花 1 ~ 3 朵生于短枝上同叶簇生。浆果矩圆状或卵状矩圆形，长 5 ~ 8 毫米，顶端有小尖头。种子橙黄色，长约 2 毫米。花果期 5 ~ 10 月。

分布于山西、陕西北部、内蒙古和甘肃。常生于海拔 800 ~ 1 500 米的山坡、路旁或田边。

新疆枸杞（原变种）

多分枝灌木，高达 1.5 米；枝条坚硬，稍弯曲，灰白色或灰黄色。嫩枝细长，老枝有坚硬的棘刺。棘刺长 0.6 ~ 6 厘米，叶形状多变，倒披针形、椭圆状倒披针形或宽披针形，顶端急尖或钝。花多 2 ~ 3 朵同叶簇生于短枝上。浆果卵圆状或矩圆状，长 7 毫米左右。种子可达 20 余个，肾脏形，长约 1.5 ~ 2 毫米。花果期 6 ~ 9 月。

分布于新疆、甘肃和青海；中亚亦有。生于海拔 1 200 ~ 2 700 米的山坡、沙滩或绿洲。

红枝枸杞（变种）

红枝枸杞是新疆枸杞的变种，区别在于其老枝条呈褐红色，产于青海的诺木洪地区。生长于海拔 2 900 米的灌丛中。

柱筒枸杞

灌木，分枝多之字状折曲，白色或带淡黄色；棘刺长 1 ～ 3 厘米，叶子单生或在短枝上 2 ～ 3 枚簇生，披针形，长 1.5 ～ 3.5 厘米，宽 3 ～ 6 毫米。花单生，或有时 2 朵同叶簇生，花梗长约 1 厘米，细瘦。

果实卵形，长约 5 毫米，仅具少数种子，产于新疆。

云南枸杞

直立灌木，丛生，高 50 厘米。茎粗壮而坚硬，呈灰褐色。分枝细弱，呈黄褐色，小枝顶端锐尖成针刺状。叶在长枝和棘刺上单生，矩圆状披针形或披针形。花通常由于节间极短而同叶簇生，淡蓝紫色，花梗纤细，长 4 ～ 6 毫米。果实球状，直径约 4 毫米，黄红色，干后有一明显纵沟，有 20 余粒种子。种子圆盘形，淡黄色，直径约 1 毫米，表面密布小凹穴。

产于云南，生于海拔 1 360 ～ 1 450 米的河旁沙地潮湿处或丛林中。

了解了这么多中国枸杞的知识，你能分析一下它们有哪些异同吗？

为什么说宁夏枸杞甲天下？

基因为野生品种

宁夏是当之无愧的枸杞故乡。宁夏中卫香山一带，自 4000 年以前就有野生枸杞，而且被人类食用。

北宋科学家沈括的《梦溪笔谈》中记载："枸杞，陕西极边生者，高丈余……甘美异于他处者。"这里所说的"陕西极边"就是宁夏中卫。

中卫香山，古称崇吾山，自古因枸杞而闻名，后来，人们将枸杞从崇吾山移植、栽培，逐渐传播到各地。现在宁夏境内及周边地区的枸杞，普遍为野生品种。宁夏中卫市中宁县至今已经有 600 多年的枸杞种植历史。

适宜枸杞生长的条件

◎气候：典型的温带大陆性气候，干旱少雨。

◎日照：黄土高原光照充分，光合作用效果好；昼夜温差大，光合作用产生的养分不易流失。

◎物候期：地理坐标在东经 105°、北纬 36° 左右，温度适宜，物候期长。

◎土壤：黄河的泛滥给宁夏造就了大量的冲积扇平原，淤泥沉积的土壤松软、肥沃，含有大量的矿物质元素。特别是卫宁平原的富硒土地，其土壤结构合理，特别适合枸杞生长。

◎水源：因地处"引黄自灌"区域、清水河流域及固海扬水工程灌溉区，因此能保证枸杞树生产需要的水分供应。

这些，都是造就宁夏好枸杞得天独厚的条件。

含有碱性物质的清水河

清水河发源于六盘山东麓固原境内的黑刺沟脑，向北流经固原、海原、同心、中宁等地，最后在中宁西部的泉眼山注入黄河。清水河是宁夏境内流入黄河最大、最长的支流，全长约 320 千米，流域面积约 1.4 万平方千米，年平均径流量约 1.65

亿立方米。"高平川水"是清水河的古称。三叠纪时期，清水河流域曾是个植被丰富、雨量充沛的原始森林。这里生活着许多身躯庞大的恐龙，白垩纪末期，恐龙灭绝。始于2 300万年前的中新世时期，嵌齿象、古乳齿象、铲齿象、犀牛、利齿猪、皇冠鹿、三趾马等哺乳动物在清水河畔繁殖。远古时期的清水河流域是古生物的乐园，传说中清水河畔能止血的神药"龙骨"就是这些古生物的化石。清水河的河水咸苦，矿物质含量高，与大量远古动植物的矿化很有关系。

古时的清水河河谷非常适合养马，历朝历代都曾在这里设置军马场，饲养战马。咸苦的清水河水，不能直接浇地，人不能喝，牲口却可以饮用。每当山洪暴发，堆积得厚厚的马粪便顺流而下，直奔中宁等地的灌溉区……于是，含有大量碱性矿物质和微量元素的清水河苦水铸就了中宁枸杞卓越的品质。

中卫清水河山河桥野生枸杞树

2005年采集于宁夏中宁清水河畔的千年枸杞古树

21

枸杞都长在哪里？

我国主要的枸杞产区

我国的主要枸杞种植区域分布于西北和华北，分别为：宁夏、甘肃、青海、新疆、内蒙古、河北。这六大产区的枸杞各具特色。

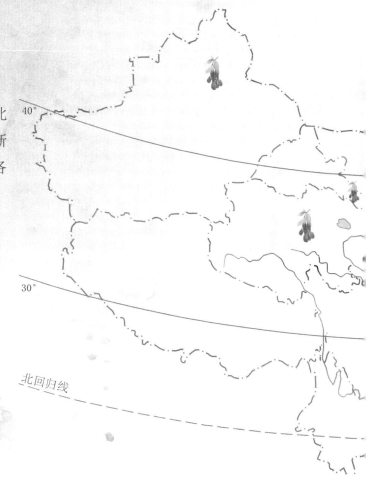

宁夏产区

宁夏是枸杞传统主产区，栽培历史悠久，栽种面积居全国第一位，产量很大；由于光热资源丰富，灌溉便利，宁夏大部分地区都适宜种植枸杞，而且品质不俗。

青海产区

青海枸杞又被称作"柴杞"，主产于柴达木盆地。青海处于青藏高原腹地，海拔高，日照时间长，太阳辐射强，平均光照时间长达10小时，昼夜温差大，独特的气候条件使柴杞的糖分含量远高于其他品种。因此，柴杞是枸杞里个头最大的，籽少肉厚，味道醇甜。

甘肃产区

甘肃地处黄河上游，枸杞主产区集中在祁连山周边。张掖一带是我国枸杞的传统产区，张掖古称甘州，甘州产的枸杞，又被称作"甘枸杞"。据说甘枸杞是土库曼枸杞和宁夏枸杞杂交的结果，有混血的优势。

内蒙古产区

内蒙古自治区的枸杞种植区毗邻宁夏，同为黄河沿岸的盐碱地，已有30多年的枸杞栽种史。内蒙古枸杞粒大色鲜，含糖高，肉厚味甜口感好。

中华枸杞

广泛分布于中国河北、山西、陕西、甘肃等省区。常生于山坡、荒地、丘陵地、盐碱地、道路两侧及村边宅旁。中华枸杞在我国除野生外，各地也大量人工种植。

河北产区

河北省巨鹿县是枸杞的主产区之一，历史记载，河北的枸杞栽培是清朝时期从宁夏中宁一带引入的。巨鹿枸杞每年的产量都很大。

新疆产区

新疆是我国枸杞种植最北区域，亦为我国枸杞主产区之一。新疆的枸杞栽培主要在北疆，始于20世纪60年代。新疆枸杞个头较大，籽少肉厚，味道比较甜。

枸杞的世界分布

　　全世界约有 80 种枸杞，多数种类分布在美洲，其中南美洲的种类最多。欧亚大陆约有 10 个枸杞品种，中亚地区种类最多。

　　枸杞喜寒冷的气候，抗寒能力强。枸杞对土壤要求不高，其根系比较发达，抗旱能力强，可生长于碱性泥土和沙壤泥土中。因此，欧亚大陆的温带是枸杞的主要分布区域。

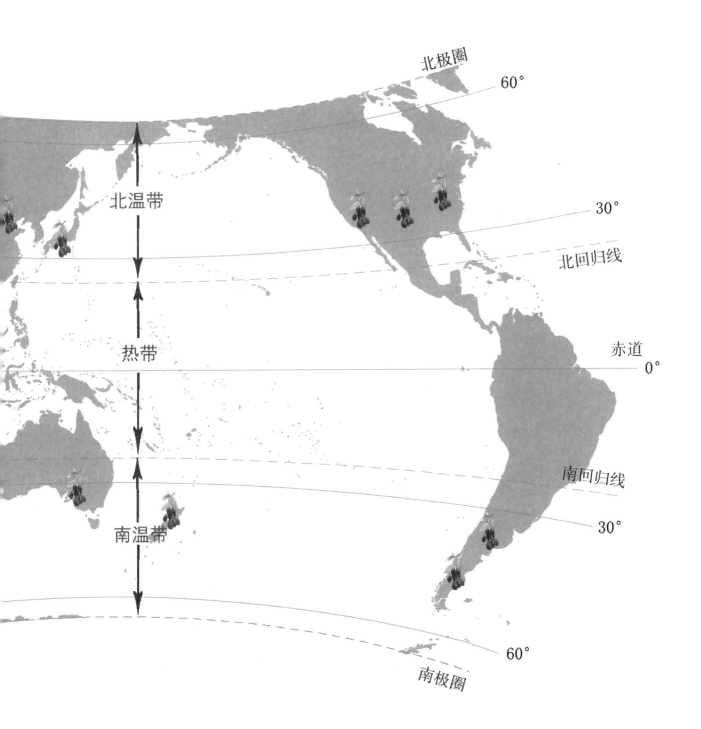

从古到今，人们怎么种枸杞？

枸杞的种植历史

虽说枸杞的野生品种遍布全世界，但作为一种经济植物资源进行野生品种改良、大规模栽培和综合开发利用，则属中国独有，且历史悠久。

枸杞最早见于殷商时期的甲骨文，甲骨文名家罗振玉依据《说文解字》解释说："杞，枸杞也，从木己声。"由此可知，枸杞的种植、采摘、使用至少已有4000年的历史了。

先秦至秦汉时期

枸杞大都是天然分布，随处可见。《周易》中有"以杞包瓜"，意思是用枸杞树庇护树下之瓜，这从侧面反映了枸杞树在西周时期可能就是人们有意栽培的树种了。

隋唐时期

枸杞种植开始兴起，种植技术不断进步。

唐代医药学家孙思邈对人工种植枸杞的方法首次进行了详细记述。至此，以扦插为主的无性繁殖和种子繁殖两种方法已经广泛应用于枸杞栽培。

晚唐以后，种子繁殖逐渐成为枸杞栽培的主要方式，人们种植枸杞主要是为了采摘其果实。

宋元时期

枸杞种植延续了种子繁殖方式，种植枸杞的目的已由单纯采摘茎叶和果实，转向全草兼收，应用范围进一步扩大。

元朝初年，枸杞栽培方式又增加了小苗移栽和伏天直接由枸杞植株压条育苗两种技术。

明清时期

枸杞种植规模逐步扩大。在当时的宁夏地区，枸杞种植颇具规模。

现代种植改良

如今，随着生物科技的发展，枸杞栽培技术取得巨大突破：控制花芽分化，优化坐果条件，品种选育，定向栽培……使枸杞种植的规模扩大，产量增加，品质标准化。

土地规划与平整

枸杞适应性很强，在各种质地土壤上均能生长。枸杞园每块地应削高垫低，使地面保持水平，这样利于灌水深浅一致，避免枸杞苗木受旱或者受淹，并能够减轻盐碱危害，提高枸杞苗木的成活率。

栽植

一般以春栽为主，即土壤解冻至枸杞萌芽前，株行距一般 1.4 米 ×2 米。

灌水

枸杞苗栽植后立即灌水，之后根据土壤墒情，7 ~ 10 天内再灌水一次。枸杞完全成活后灌第三次水。全年灌水次数一般以 6 ~ 8 次为宜，这样的管理有助于枸杞根系向深生长，为以后根深叶茂打好基础。

施肥

枸杞是一种非常喜肥又耐肥的木本植物，因此，要使枸杞园早果丰产，就要充分发挥肥料在枸杞幼龄期间的扩冠和增产作用。一般在栽植前施有机肥，苗木成活后追肥，秋季采果结束后施基肥。

病虫害防治

枸杞病虫种类共有35种之多，但多发的主要有蚜虫、木虱、蓟马、瘿螨、锈螨等5种。因此以防治为主，交叉用药，防治主要病虫，兼治其他次要病虫。同一药物最多一年使用一次。

修剪

合理的修剪可以培养牢固的树冠骨架，增强负荷能力，同时改善通风透光条件，有助于枸杞达到早产、优质、高产、高效和便于管理的目的。修剪有截剪（剪去一个枝条的一部分）和疏剪（把一个枝条全部剪除）两种方法。

枸杞的修剪现代一般分为三次，即春剪、夏剪（又叫生长季节修剪）和冬剪（又叫休眠期修剪），修剪的重点在夏剪和冬剪。

冬剪是一年中最关键、最彻底的修剪。冬剪的原则是"修横不修顺，去旧要留新。密处来修剪，缺处留壮枝"。

枸杞的实际功用

古人为什么把枸杞叫作"灵草"?

《西次三经》之首，曰崇吾之山……有木焉，员叶而白柎，赤华而黑理，其实如枳，食之宜子孙。

——《山海经·西山经》

◎祖庚、祖甲时期的甲骨文卜辞载："己卯卜行贞，王其田亡灾，在杞；庚辰卜行贞，王其步自杞，亡灾。"

北山（节选）
《诗经·小雅》

陟彼北山，言采其杞。
偕偕士子，朝夕从事。

　　据《山海经》记载，崇吾山中有一种树木，圆圆的叶子，白色的花萼，红色的花朵上有黑色的纹理，结的果实与枳实相似，吃了它就能使人多子多孙。这里说的正是枸杞。

　　《山海经》中还写道，枸杞"其汁如血"，是说鲜枸杞滴出的汁水就像鲜红的血液。人不能没有血液，因此，上古的人认为，枸杞是上天赐给人类的灵草。

　　枸杞也因"宜子孙"的功效成为先民崇拜的图腾，"杞"字还成了部落名称、姓氏、地名、国名。

枸杞真的是仙人的手杖吗？

晋代葛洪在《抱朴子内篇》中称枸杞为西王母杖、仙人杖。

传说西王母是天上仙人，那西王母杖一定是她老人家使用的一根仙人杖。谁知仙人杖却是山野中一种植物——枸杞的茎。其茎因坚硬可作挂杖，又因其功效之多，所以雅号仙人杖。

葛洪在《抱朴子内篇·仙药》中引用《神农本草经》中的说法："上药令人身安命延，升为天神，遨游上下，使役万灵，体生羽毛，行厨立至。"把枸杞列为仙药，称久服轻身不老，能成仙升天。

为什么说枸杞全身都是宝？

枸杞助长寿

楚州开元寺北院枸杞临井繁茂
可观，群贤赋诗，因以继和

唐·刘禹锡

僧房药树依寒井，井有香泉树有灵。
翠黛叶生笼石甃，殷红子熟照铜瓶。
枝繁本是仙人杖，根老新成瑞犬形。
上品功能甘露味，还知一勺可延龄。

唐代著名诗人刘禹锡在楚州开元寺见到有一枸杞生长在井边，听闻人们喝此井水得以长寿，便写下了这首诗。

对于枸杞的药性，历代医学家都有自己的论断。被称为"药王"的唐代著名医药学家孙思邈在《千金翼方》中写道："凡枸杞生西南郡谷中及甘州者，其子味过于蒲桃，今兰州西去邺城灵州九原并多，根茎尤大。"其中记载有枸杞治病、养生的方子有几十服。

孙思邈（541—682），唐代医药学家、道士，京兆华原（今陕西省铜川市耀州区）人，被后人尊称为"药王"。

《千金翼方》

《千金翼方》是唐代医学家孙思邈编撰的一部中医典籍，他根据自己近三十年的经验，补早期巨著《千金要方》的不足，故名翼方。宋版《千金翼方》经历数次战火，现已流落民间不知所终。后来中医界又从日本把日本翻刻的《千金翼方》中的部分方剂引进到中国进行影印出版。

枸杞各部分的功效

明代著名医学家李时珍对历代医家关于枸杞药性的论述进行了全面考证，得出了"枸杞浑身都是宝"的结论。

李时珍在《本草纲目》中记载："春采枸杞叶，名天精草；夏采花，名长生草；秋采子，名枸杞子；冬采根，名地骨皮。"李时珍认为，枸杞子的性味为：味甘、性平。味甘、性平，就是指枸杞子有滋养补益功效，且不寒不热，温润和缓；还具有养肝、滋肾、润肺、明目的功效。

枸杞命名考证

枸杞之名因其地域分布、民族、语系语种、性能的不同而各异。在我国，枸杞命名主要分为药典命名和中药志命名两种。

药典命名

枸忌、地骨、地辅、地节，见《神农本草经》；

枸杞、地骨，见《本草纲目》；

长生草，见《太平圣惠方》；

天精草，见《保寿堂经验方》；

地筋，见《广雅》。

中药志命名

明目子，茨果子等，见《常用中草药栽培》；

枸杞子，见《实用中草药彩色图集》；

甘州子，甘肃称谓；

古城子，新疆称谓；

血杞子，见《药格学》；

枸杞尖，见《滇南本草》；

地骨皮，枸杞根之皮，见《实用中草药彩色图集》。

◎民国初期的著名医学家张锡纯在《医学衷中参西录》中写道："味甘多液，性微凉，为滋补肝肾最良之药，故其性善明目，退虚热，壮筋骨，除腰疼，久服有益，此皆滋补肝肾之功也。"

春采叶

枸杞叶，别名天精草、地仙苗，性凉，入心、肝、脾、肾四经。具有补虚益精、清热止渴、祛风明目、生津补肝等功效。

古时长途跋涉的人们，嚼几片枸杞叶，有助于生津益气，一下子口不干了，气也不喘了。此外，枸杞叶还可以制茶、做菜，老少皆宜。

夏采花

枸杞花，别名长生草，有增白、嫩肤、美容之效。

枸杞花花期短、花朵小，虽说现在已经有了枸杞花烘干技术，但采摘起来仍非常麻烦。除了花冠，枸杞花蜜也是市场的宠儿，可润肺止咳、养肝明目、润肠通便，适宜各种人群。

秋采子

枸杞果，别名却老子，俗称枸杞子，性味甘平，可滋肾、润肺、补肝、明目，治肝肾阴亏、腰膝酸软、头晕、目眩、目昏多泪、遗精等。

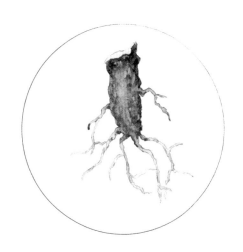

冬采根

枸杞根，别名地骨皮，性寒，可清热、消毒、止渴、凉血坚筋、强阴补正气。主治虚劳潮热盗汗、肺热咳喘、吐血、血淋、高血压、中风、腰痛、痛肿、恶疮、小便不通等症。

枸杞根煮青皮鸭蛋有凉血除蒸、清热泻火之效。枸杞根炖老母鸡可健脾补肾、养血安胎。

枸杞子为什么是药食同源的滋补佳品？

枸杞子的营养成分

枸杞是药食同源植物。

上古之时，枸杞子曾经是人们日常食物的原料之一。在中医领域，枸杞子更是有着悠久的入药历史。现代医学则从营养价值的角度，论证了枸杞子的神奇功效。先来看一组对比吧！

一粒枸杞子中的维生素 C 含量比橙子还高，一粒枸杞子中的胡萝卜素含量远高于胡萝卜，一粒枸杞子中的铁、钙等含量高过同等质量的牛排，一粒枸杞子中的优质蛋白含量不逊于鱼肉、鸡蛋。这样一比，枸杞子简直就是个营养综合体，是个能量宝库，堪称"超级水果"。

现代医学证明，枸杞子中含有的类胡萝卜素、甜菜碱、维生素、钙、磷、铁等，具有增加白细胞活性、促进肝细胞新生的作用。因此，常吃枸杞子的人面色红润、气血旺盛、精力充沛、视力增强、步履雄健。

总结从古至今医药专家对枸杞子的研究探索，其主要有这些功效：

◎养肝、润肺、明目、降血压、降血糖、降血脂；

◎美容、养颜、补气、补血、滋阴、强身壮阳；

◎治疗肾阴亏虚、肝血不足、腰膝酸软、头昏、耳鸣、遗精等症状；

◎治疗老眼昏花、夜盲症、风湿、慢性肝炎、中心性视网膜炎、视神经萎缩等症状；

◎治疗老年人器官衰退老化等疾病。

枸杞子的营养成分

在卫生部公布的《关于进一步规范保健食品原料管理的通知》中，枸杞子被列为既是食品又是药品的首位。

宁夏枸杞子部分标志性营养成分表
（每100 g单位含量）

枸杞多糖	6 500.0 mg
人体必需氨基酸	150.0 mg
类黄酮	542.5 mg
隐黄质	8.6 mg
甜菜碱	25.0 mg
牛磺酸	5.2 mg
类胡萝卜素	290.0 mg
玉米黄质	56.0 mg

枸杞子里的核心营养元素

据科学检测，一粒小小的枸杞子富含枸杞多糖、蛋白质和氨基酸等 20 多种人体必需的常量元素及微量元素。那么谁才是枸杞子营养兵团的"首长"呢？

当然是枸杞多糖。

枸杞多糖由阿拉伯糖、葡萄糖、半乳糖、甘露糖、木糖、鼠李糖 6 种单糖成分组成，是植物多糖中少有的蛋白质多糖，也是枸杞子中最主要的活性成分。

枸杞多糖能调节机体免疫活性，增强人体内"免疫大军"的战斗力；还可以降脂、降压、抗疲劳。所以，枸杞多糖如今已成为国内外研究热点。其中又以枸杞多糖的免疫调节和抗肿瘤作用研究最多。

枸杞多糖既然叫多糖，是不是吃起来很甜？单糖又是怎么回事？原来，所谓单糖是碳水化合物里最基本的单位，是不能被水溶解的糖类；而多糖要通过水解成单糖后才能直接被人体吸收。有趣的是，多糖的甜味和粘黏性反而不如单糖。

当然，枸杞子的这些营养元素一定要通过专业医生的调配和运用，才能达到治疗疾病的功效。

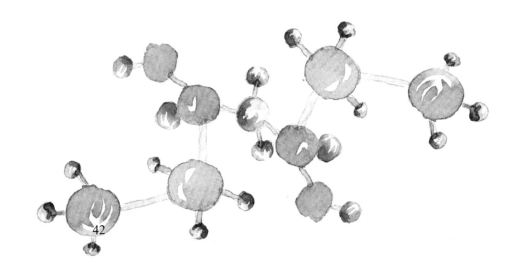

服用枸杞子注意事项

虽然实验证明枸杞子对正常人体没有任何副作用，但在日常食疗中服用枸杞子还要注意以下几点：

◎阴虚体质的人吃枸杞子容易上火；体质虚弱、抵抗力过差的人应先少量服用，再循序渐进；血压过高的人尽量不要吃枸杞子。

◎感冒发烧、脾虚湿邪、有炎症、腹泻的人不能吃枸杞子，需要等病好了再吃。

◎过量服用枸杞子，可能会导致流鼻血、眼睛不舒服等症状出现。

中医小常识

中医中所说的"性味"指药物的性质和气味，亦即中医常讲的"四气五味"。四气：寒、热、温、凉；五味：辛、甘、酸、苦、咸。四气之外，还有一些平性的药物，是指药材药性寒热之性不甚显著，作用比较缓和。

中医中又有"归经"一说，归是指药物作用的归属，经是指人体的脏腑经络。归经即是指药物对身体某些部分的医疗作用。

枸杞归肝经、肾经、肺经，是指枸杞子对人的肝脏、肾脏、肺部有补养和调理的作用。

枸杞这么好，应该怎么吃？

枸杞的传统食用方法

常言道："一年四季吃枸杞，人可与天地齐寿。"是说枸杞子是四季常食佳品，能助人益寿延年。为了让枸杞子的食疗功效更好地发挥，人们逐渐根据一年四季的变化，总结出与时令相宜的一套服用枸杞子的方法。

唐代宰相房玄龄因操劳过度，常常感到头晕目眩，在坚持食用枸杞银耳羹后，身体逐渐康复。

北宋诗人陆游在 60 岁左右时，肝肾功能欠佳，且眼睛昏花，大夫建议他多吃些枸杞子。"雪霁茅堂钟磬清，晨斋枸杞一杯羹"，这是陆游所作《玉笈斋书事二首》中的诗句，也是他的养生心得。枸杞粥的常见做法是：用枸杞子 25 克，大米 100 克煮稠粥，每日 1 ~ 2 次食用，久用益寿。

春嚼

春季多吃枸杞子，可以养肝排毒。直接嚼吃枸杞子对枸杞子营养成分的吸收更加充分，更有利于发挥其保健效果。但嚼食时要注意，进食的数量不宜太多，否则容易滋补过度，反而不利。

秋汤

秋季空气干燥，人体需要润肺去燥。雪梨、川贝、百合、枸杞子等煎汤可润肺化痰，去燥安神。

夏饮

夏季烈日炎炎，人们需消暑解渴。夏季喝枸杞茶，以下午泡饮为佳，可以改善体质，利于睡眠。

但要注意的是，枸杞子泡茶不宜与绿茶搭配，适合与贡菊、金银花、胖大海和冰糖一起泡。

唐朝时期的《黄帝内经太素》一书中写道："空腹食之为食物，患者食之为药物"，反映出"药食同源"的思想。你觉得枸杞子是食物还是药物？为什么？

杞菊赋并序
唐·陆龟蒙

天随子宅荒少墙，屋多隙地，著图书所，前后皆树以杞菊。春苗恣肥，日得以采撷之，以供左右杯案。及夏五月，枝叶老硬，气味苦涩，旦暮犹责儿童辈拾掇不已。人或叹曰："千乘之邑，非无好事之家，日欲击鲜为具以饱君者多矣。君独闭关不出，率空肠贮古圣贤道德言语，何自苦如此？"生笑曰："我几年来忍饥诵经，岂不知屠沽儿有酒食邪？"退而作《杞菊赋》以自广云。

◎大量关于枸杞子毒性的动物实验证明，枸杞子是非常安全的食物，不含任何毒素，可以长期食用。

◎在日本，农学博士助田正二、植物学家福田利雄共同出版了《枸杞的惊人疗效》一书，该书认为枸杞子是中国数千年的"药食两用"佳品，是"医药界公认的上药，长期服用，能强筋骨、耐寒暑、补精气之不足，确保长寿"。

枸杞酒

"枸杞泡酒"和"枸杞酿酒"的历史一样源远流长。在民间，枸杞泡酒的配方不下200种。枸杞子性温和，几乎绝大多数中药材都可以和它一起泡酒。酒精可以溶解枸杞子里的营养成分，所以枸杞泡酒很受人们的喜爱。喝枸杞子泡的酒，可以增强细胞免疫力，促进造血功能，抗衰老、保肝、降血糖，对视力减退、头晕眼花也有疗效。

小提示：枸杞酒不适合未成年人饮用哦。

冬炖

冬季阴冷，人体要补肾壮元，可以用枸杞子煮粥、炖汤等，会更利于身体健康。用枸杞子煲汤可以和大枣、山药等搭配。

枸杞的创意吃法

随着现代科学技术的发展，枸杞被深加工成多种产品：枸杞果汁、枸杞咖啡、枸杞花蜜、枸杞酸奶等。在餐桌上，枸杞可以用来煲汤，还可以制作成各种菜品。

枸杞果汁

枸杞果汁一般不添加任何糖分、色素和调味品，只添加少许其他口味的果汁，以增强饮料的口感。

枸杞冰淇淋

枸杞与手工冰淇淋的结合会碰撞出怎样的火花呢？

枸杞冰淇淋不仅能满足味蕾，还能美容养生、补充能量。

　　如果将黑果枸杞制成细粉后做黑果枸杞冰淇淋，不仅可以完好保存黑果枸杞中的花青素，还能将其养生功效发挥到极致。

　　红果枸杞冰淇淋既有手工冰淇淋的美妙口感，又因为宁夏中宁枸杞的加入，浓缩了中宁枸杞的营养价值，使得它甜而不腻，丰富又清新。

　　除此之外，还有制作成枸杞养生奶、枸杞糕、枸杞挂面等各种美食的吃法。

 你能创意出一种枸杞的吃法吗？自己做做看吧。

枸杞的文化意蕴

宁夏枸杞如何从成为"贡果"到走向世界？

名贵的贡果

竹枝词

清·黄恩锡

六月杞园树树红，宁安药果擅寰中。
千钱一斗矜时价，绝胜痩田岁早丰。
亲串相遗各用情，年年果实喜秋成。
永康酒枣连瓶送，蒸枣枣园夙擅名。

宁夏中宁枸杞自明代被列为贡果，清代《银川小志》称"枸杞，宁安堡（宁安堡即中宁县，明清时属中卫县）产者极佳，红大肉厚，家家种植"。乾隆年间，中卫新任知县黄恩锡在《（乾隆）中卫县志》中写道："宁安一带家种杞园，各省入药甘枸杞，皆宁产也。"（"宁产"即今中宁县城宁安堡一带所产）并在《竹枝词》中描述了当时中宁枸杞种植的规模和高昂的价格。

咏宁夏属植物

近现代·于右任

枸杞实垂墙内外，骆驼草映路高低。
沙蒿五色灿如锦，发菜千丝柔似蕤。
比屋葡萄容客饱，上田罂粟任儿啼。
朔方天府须栋梁，蓬转于思西复四。

49

走向世界

枸杞成为明朝的皇家贡品后，宁夏中宁地区的枸杞市场越发繁荣，许多当地人开始从事枸杞的种植、贩运和销售。

明清枸杞运销三条路线

第一条：顺着黄河从中宁到包头，再用骡马驮运的方式，将枸杞运到呼和浩特、北京、天津等地。还有一部分枸杞漂洋过海，被送到日本、朝鲜等地。据说，当时的人们为了节省费用，把枸杞装进木匣子里，放在羊皮筏子上，让它们顺着黄河漂流到包头。

第二条：用马车或者骡马驮运，从中宁到盐池，再到西安，经潼关到洛阳等地。

第三条：运输枸杞的队伍从中宁沿着清水河河谷，翻越秦岭到成都。这一路翻山越岭，是以肩挑为主，"川湘担担帮"是运销主力。

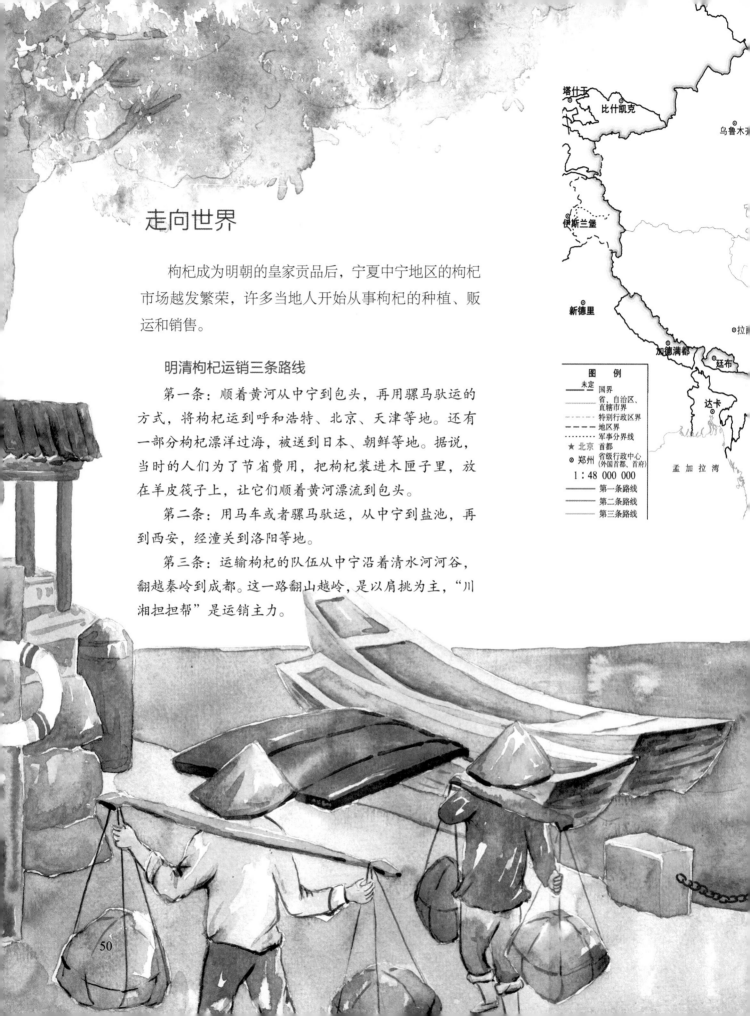

图　例

未定	国界
	省、自治区、直辖市界
	特别行政区界
	地区界
	军事分界线
★北京	首都
◎郑州	省级行政中心（外国首都、首府）

1：48 000 000

—— 第一条路线
—— 第二条路线
—— 第三条路线

塔什干　比什凯克　乌鲁木齐　伊斯兰堡　新德里　拉萨　加德满都　廷布　达卡　孟加拉湾

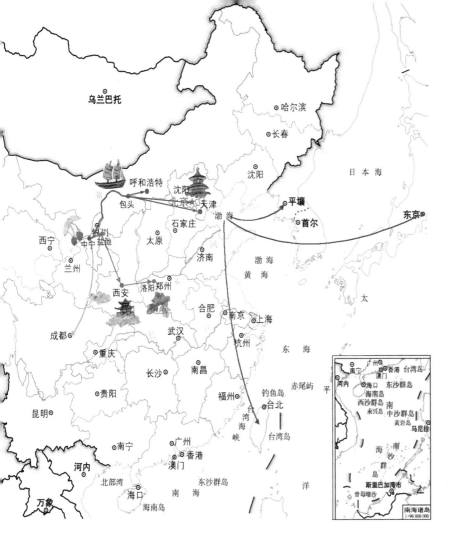

水旱码头中宁

中宁是枸杞水路运销和陆路运销路线的起点。

天津老码头

19世纪末期，天津逐渐成为我国北方最重要的经济中心和河海型国际贸易港口城市。不论是枸杞还是其他北方土特产，大部分由此被运销全国和海外。

川湘担担帮

担担帮是一种特殊的枸杞贩运方式。

明清时代，每年枸杞采摘期间，湖南和四川一带的青壮年担着当地的茶叶、卷烟、丝线等特产来到宁夏中宁售卖，回程时装上宁夏枸杞到当地贩卖。

为了防潮防虫，增加货运量，在装箱前，一般都要将枸杞曝晒，然后趁热分层把枸杞装入衬有白布袋的木箱里，并用脚踏实。枸杞装箱后，把配好的动物血液涂在衬有黑纸的木箱外，等晒干后就可以启程了。就这样年复一年，枸杞被运销南方各地，走进了千家万户。

枸杞为什么可以代表君子？

磊落君子　彰显美德

湛露

《诗经·小雅》

湛湛露斯，匪阳不晞。厌厌夜饮，不醉无归。
湛湛露斯，在彼丰草。厌厌夜饮，在宗载考。
湛湛露斯，在彼杞棘。显允君子，莫不令德。
其桐其椅，其实离离。岂弟君子，莫不令仪。

　　诗中记叙的是贵族举行宗庙落成典礼时，一位宾客以枸杞、红枣和梧桐等树比兴，颂扬"君子"高贵的身份、显赫的地位、敦厚的美德和英武潇洒的气质。

　　读完这首诗，你能体会到诗中所说的枸杞树的君子美德吗？你是怎样理解"君子"精神的？

生生不息　福泽万年

南山有台

《诗经·小雅》

南山有台，北山有莱。乐只君子，邦家之基。乐只君子，万寿无期。

南山有桑，北山有杨。乐只君子，邦家之光。乐只君子，万寿无疆。

南山有杞，北山有李。乐只君子，民之父母。乐只君子，德音不已。

南山有栲，北山有杻。乐只君子，遐不眉寿。乐只君子，德音是茂。

南山有枸，北山有楰。乐只君子，遐不黄耇。乐只君子，保艾尔后。

《诗经·小雅·南山有台》是一首颂德祝寿的宴饮诗，诗中以桑、杨、枸杞和李等树木比兴，颂扬君子德高望重，表达了对宴饮宾客世代平安、子孙兴旺的美好祝愿。这首诗说明枸杞在当时就已受到上流社会的青睐，并被视为美好与高贵的象征。

枸杞为什么还是正义的善树？

恶树

唐·杜甫

独绕虚斋径，常持小斧柯。
幽阴成颇杂，恶木剪还多。
枸杞因吾有，鸡栖奈汝何。
方知不材者，生长漫婆娑。

唐代大诗人杜甫钟爱枸杞，他在《恶树》一诗中高呼："枸杞因吾有，鸡栖奈汝何。"为了保护自己种的枸杞树，他把遮蔽挤压枸杞树的鸡栖树称为"恶树"，手持"小斧柯"，边砍伐鸡栖树边怒骂："枸杞树是我杜甫的，你鸡栖树能把它怎么样！"可见，在杜甫心中，枸杞是善树，是正义的象征。

小圃五咏·其三·枸杞
宋·苏轼

神药不自闷，罗生满山泽。
日有牛羊忧，岁有野火厄。
越俗不好事，过眼等茨棘。
青莫春自长，绛珠烂莫摘。
短篱护新植，紫笋生卧节。
根茎与花实，收拾无弃物。
大将玄吾鬓，小则饷我客。
似闻朱明洞，中有千岁质。
灵龙或夜吠，可见不可索。
仙人倘许我，借杖扶衰疾。

◎宋·朱熹《菜畦》：雨余菜甲翠光匀，杞菊成畦亦自春。

杞鞠延年

己未夏仲

擬孝慈江墅

意僅仿梵野

尚未能仿其

蒼　吳昌碩年七十六

清·吳昌碩《杞菊延年圖軸》

58

"杞菊"为何代表"延年"？

　　枸杞是中华民俗文化八大吉祥植物之一。古人云，所谓"吉者，福善之事；祥者，嘉庆之征"。民俗文化中杞菊延年的吉祥图，画的就是菊花和枸杞。火红的枸杞是吉祥的象征，在中国，红色象征着激情、喜庆、幸福，菊花则代表着团圆、美满。

　　此外，枸杞还是古时"盆景十八学士"之一。枸杞枝条遒劲呈拱形；根若游蛇，虬曲多姿；枝条悬垂，花朵紫色，秋冬之季，红果累累，缀满枝头，有"雪压珊瑚"之称，是制作盆景的优质素材之一。

　　要制作枸杞盆景，选择野生的北方枸杞、截萼枸杞等比较好，这些品种枸杞的灌木形态，决定了制作枸杞盆景可以选择的造型。

枸杞红，中国红

红艳艳的枸杞，红彤彤的梦。
红火火的灯笼，红盈盈的笑。
红朗朗的太阳，红闪闪的星。
红昂昂的雄鸡，洪亮亮地叫。

枸杞子，华夏子

我本天地子，报答天地恩。
饥餐日月光，渴饮雨露霜。
着一精华来，还为精华去。
苍苍又茫茫，茫茫又苍苍。

枸杞生，万物生

一年栽，两年生，三年不管四年生。
五年六年第七年，年年挂果年年珍。
有朝一年不再生，扎进泥土万年根。

《诗经》

王秀梅译注 中华书局

《诗经》作为中国文学史上第一部诗歌总集，收录了自商末（或说周初）到春秋中叶的诗歌305篇，存目311篇，其中6篇有目无辞。共分风、雅、颂三部。

《枸杞史话》

周兴华、周晓娟著 宁夏人民出版社

枸杞自古就被誉为生命之树，是中华文化的重要组成部分。该书旁征博引、深入浅出，以详尽的史料佐证被湮没的历史，用朴实的文字诉说远古的文明，让枸杞的历史更加真实地展现在读者面前。

《抱朴子内篇》

张松辉译注 中华书局

该书主要内容是对战国至汉代的神仙思想和炼丹养生方术所做的总结。

《本草纲目》

李时珍著，钱超尘、温长路、赵怀舟、温武兵校注 上海科学技术出版社

全书分上、下两册，在忠实于金陵本《本草纲目》的基础上，通过对影印本的校注、勘误、标点等，尽力再现《本草纲目》原貌。

《说文解字》

许慎著，徐铉校定 中华书局

《说文解字》开创了部首检字的先河，段玉裁称这部书"此前古未有之书，许君之所独创"。

《农桑辑要校注》

石声汉校注 西北农学院古籍农学研究室整理 中华书局

该书为元代初年由司农司编纂的综合性农书，是一部实用价值很高的农书，也是我国现存最早的由官方编撰的农业生产指导书。

《千金翼方》

孙思邈著，李建、林燕主编 中国医药科技出版社

本书图文并茂，是现代读者阅读中医经典、领悟养生文化精髓的优质普及读本。

《山海经》

方韬译注 中华书局

《山海经》是我国古代早期极有价值的地理著作，书中随处可见的山名和水名，常常能与古代的地名相印证，对我们认识和研究上古文明起着举足轻重的作用。

《图解神农本草经》

《图解经典》编辑部编著 吉林科学技术出版社

本书以清代顾观光的《神农本草经》辑本为底本，并从《本草纲目》等多部医书中摘取药方，让读者重新认识这部流传了5000年的本草使用指南，发现中医药材之美。

《中华枸杞故事》

朱彦荣、朱彦华著 宁夏人民出版社

本书将诸多地方有关枸杞的地名和名胜古迹以及文化名人的传说镶嵌其中，以达到弘扬枸杞文化、中华传统文化的目的。

《（乾隆）中卫县志》

黄恩锡纂修，韩超校注 上海古籍出版社

《（乾隆）中卫县志》是黄恩锡于乾隆二十五年（1760）编修的一本地方志。

《唐诗三百首》

顾青编注 中华书局

唐诗题材宽泛，众体兼备，格调高雅，是中国诗歌发展史上的奇迹，对中国文学的影响极为深远。

《枸杞生产加工适宜技术》

陈清平、胡忠庆主编 中国医药科技出版社

本书详细介绍了枸杞生产加工适宜技术，包括枸杞药用资源、枸杞种植技术、枸杞药材质量评价等内容。

《宁夏中宁枸杞种植系统》

梁勇、闵庆文、王海荣编 中国农业出版社

该书竭力追溯中宁枸杞的历史、挖掘中宁枸杞的文化、展现中宁枸杞的功能，为读者打通认识中宁枸杞、保护这一农业文化遗产的通道。

《枸杞子》

窦国祥、窦勇主编 天津科学技术出版社

本书包含枸杞子的来源和传说、枸杞的栽培、枸杞的分类与品种、枸杞子的鉴别、枸杞子的功效、枸杞子的现代研究、枸杞子的服食方法、常用古今方选、历代食疗方选等9个部分。

《餐桌上的中药——枸杞》

孟飞编著 金盾出版社

该书较详细地介绍了枸杞的分类、炮制、加工、营养成分、保健功效、食用方法等内容，以及枸杞叶、枸杞根（地骨皮）的相关知识，并以枸杞为原料，推荐了120道家常菜，帮助读者烹制出需要的枸杞佳肴。

《妙用枸杞治百病》

王君、王惟恒编著 中国科学技术出版社

本书系统介绍了枸杞的性味、功效、药养常识及多种疾病的枸杞疗法，列举了近200个巧用枸杞防病治病的良方，是一部养生保健用的中药科普书。

《枸杞产地溯源技术研究》

闫永利等著 中国农业科学技术出版社

本研究探讨多种产地溯源技术，对不同地区枸杞干果的物性进行表征比较，制定出科学快速的枸杞产地判定方法，以此判断宁夏枸杞和国内其他地区枸杞的异同。

图书在版编目（CIP）数据

枸杞 / 钱锋主编；黄莉，张卉本册主编 . — 济南：
济南出版社，2019.7
（万物启蒙）
ISBN 978-7-5488-3889-0

Ⅰ . ①枸… Ⅱ . ①钱… ②黄… ③张… Ⅲ . ①枸杞-
文化-中国-青少年读物 Ⅳ . ① S567.1-49

中国版本图书馆 CIP 数据核字 (2019) 第 170101 号

声　明　本书中所选取的绘画和文章，尚有个别作品仍处在著作权
保护期内。在本书编辑过程中，我们尽力与作品著作权所有者联系并取
得授权，但仍有著作权人没能联系到。请该部分作品的著作权人见书后，
尽快和出版社联系，以便及时寄奉样书和稿酬。

出 版 人／崔　刚

责任编辑／韩宝娟　李冰颖

特约审稿／林良徵

插　　图／魏　恺

装帧设计／焦萍萍

出版发行／济南出版社

地　　址／济南市二环南路 1 号

网　　址／www.jnpub.com

印　　刷／济南鲁艺彩印有限公司

版　　次／2019 年 7 月第 1 版

印　　次／2019 年 8 月第 1 次印刷

成品尺寸／210 mm× 270 mm　16 开

印　　数／1—11 000 册

印　　张／4

字　　数／85 千

审 图 号／GS (2019) 2238 号

定　　价／36.00 元

（如有印装质量问题，请与印刷厂联系调换）